Nils Christians

Eiszeiten - Naturräumliche Ausstattung und Bodenbildung in glazial und periglazial geprägten Landschaften Norddeutschlands

GRIN Verlag

Bibliografische Information der Deutschen Nationalbibliothek:

Die Deutsche Bibliothek verzeichnet diese Publikation in der Deutschen National-
bibliografie; detaillierte bibliografische Daten sind im Internet über http://dnb.d-
nb.de/ abrufbar.

Impressum:

Copyright © 2008 GRIN Verlag GmbH
Druck und Bindung: Books on Demand GmbH, Norderstedt Germany
ISBN: 978-3-640-20745-9

Dieses Buch bei GRIN:

http://www.grin.com/de/e-book/117755/eiszeiten-naturraeumliche-ausstattung-
und-bodenbildung-in-glazial-und

Universität zu Köln

Geographisches Institut

Eiszeiten

Naturräumliche Ausstattung und Bodenbildung in glazial und periglazial geprägten Landschaften Norddeutschlands

Hausarbeit

Nils Christians

Inhaltsverzeichnis

1. Einleitung

In der Hausarbeit soll die Entstehung und Auswirkung der glazialen und periglazialen Prozesse auf die naturräumliche Ausstattung und der damit verbundenen differenzierten Bodenbildung aufgezeigt werden.

Die Landschaft Norddeutschlands unterlag, insbesondere seit Mitte des Pleistozäns, einigen für die heutige Gestalt verantwortlichen klimatogenen Prozessen. Diese zeigten sich durch Wechsel von Kalt- und Warmzeiten in Verbindung mit der Formung des Reliefs. Daraus entstanden sehr verschiedene Ausgangssituationen für die im Holozän stattfindenden und heute bedeutsamen Bodenbildungsprozesse.

2. Eiszeit

Eiszeiten sind relativ kurze Zeitabschnitte der (jüngeren) Erdgeschichte, die für die Landschaft, Vegetation und Tierwelt jedoch entscheidende Faktoren darstellen. Am bekanntesten sind jene der jüngeren Erdgeschichte, in welchen weltweit niedrige Temperaturen auftraten, die zu Gletschervorstößen und Inlandeisbildungen führten. Ausgangspunkte waren die höheren Breiten und die globalen Hochgebirge. Ein Beleg für die prähistorische Existenz von Kaltzeiten sind die Relikte der glazialen Landschaftsformung. Diese eiszeitlichen Formen finden wir in Moränenlandschaften. Moränen sind Ablagerungen von Gletschern, die Material transportieren, das ein Gemisch aus Sand, Kies, Schotter und Gesteinsbrocken ist. Eine Eiszeit besteht aus einer Aufeinanderfolge von Kaltzeiten, die von wärmeren Zwischenperioden, den Interglazialen, unterbrochen werden. Eiszeiten haben somit typische Landschaftsformen bilden können. Gerade das Norddeutsche Tiefland ist stark glazial geprägt worden und lässt sich somit von umliegenden Landschaften eindeutig abgrenzen (LESER 2003: 277f.).

2.1 Entstehung von Eiszeiten

Es gibt viele Theorien zur Entstehung der Eiszeiten. Der serbische Astrophysiker Milutin Milankovitch war der Ansicht, dass Veränderungen der Erdbahngeometrie, durch wechselseitige Gravitationskräfte im System Erde-Mond-Sonne, für wiederkehrende Eiszeiten verantwortlich waren. Folgen dieser Kräfte sollten die Formveränderung der elliptischen Erdumlaufbahn um die Sonne (Exzentrizität), der Neigungswinkel der Rotationsachse

(Schiefe der Ekliptik) und die Veränderung der Kreiselbewegung der Rotationsachse (Präzession) sein, wodurch die Eiszeiten in Abständen von 100.000 Jahren kontinuierlich auftraten. So entstanden die Milankovitch-Zyklen, die eine verminderte Sonneneinstrahlung auf die nördliche Hemisphäre bewirken (BAUER et al. 2002: 50).

Weitere Theorien sind: Kontinentaldrift mit Verschiebung der Pole, Veränderung der CO2-Gase in der Atmosphäre, interstellare Wolken und Sonnenflecken (STRAHLER & STRAHLER 2005: 497; BAUER et al. 2002: 51).

2.2 Bildung von Inlandeis

Die Bedingung für die Bildung von Gletschereis ist, dass durchschnittlich im Winter mehr Schnee fällt, als im Sommer durch Abschmelzen und Verdunstung verloren geht. Also: Akkumulation > Ablation. Der gefallene Schnee muss dabei verschiedene Zustandsformen durchlaufen, ehe er zu Eis umgewandelt wird. Der Schnee wechselt zwischen Tauen und Gefrieren und bildet dabei den Altschnee, der sich später zu körnigem Firn umwandelt. Zwischen dem Firn befinden sich noch Schneereste. Kommen diese mit Schmelzwasser in Berührung, bildet sich das Firneis. Der weiter fallende Schnee presst die darunter liegenden Eisschichten immer mehr zusammen, sodass sich schließlich Gletschereis mit hoher Dichte bildet. (STRAHLER & STRAHLER 2005: 470)

2.3 Zeitliche Gliederung der Gletschervorstöße

Während des Pleistozäns im Quartär gab es in Norddeutschland drei große entscheidende Inlandvereisungen: Elster-, Saale- und Weichseleiszeit. Durch den Temperaturrückgang sank die klimatische Schneegrenze um 1200-1500 m, sodass sich in Skandinavien ein 2-3 km dicker Eispanzer bildete, der seinen weitesten Vorstoß während des Drenthe Stadiums in der Saale-Eiszeit hatte und ungefähr bis Düsseldorf, an den Nordrand des Rheinischen Schiefergebirges und an den Harz reichte (Abb. 1). Diese einzelnen Kaltzeiten wurden von Warmzeiten (Interglazialen) unterbrochen. (BAUER et al. 2002: 178)

Abb.1: schematische Darstellung der jeweils maximalen Gletschervorstöße der drei letzten Eiszeiten im norddeutschen Tiefland:
rote Linie = Eisrandlage der Weichselkaltzeit;
gelbe Linie = Eisrandlage der Saalekaltzeit;
blaue Linie = Eisrandlage der Elsterkaltzeit

Quelle: http://de.wikipedia.org/wiki/Bild:EisrandlagenNorddeutschland.png

Elstereiszeit

Die Elster-Kaltzeit ist zeitlich gleichzusetzen mit der Mindel-Vergletscherung der Alpen. Sie war die älteste Vergletscherung, die im nordeuropäischen Vereisungsgebiet nachgewiesen werden konnte. Diese war vor etwa 350.000 bis 250.000 Jahren. Im Zuge der Vereisung wurde das Entwässerungssystem entscheidend geändert. Norddeutsche und polnische Flüsse wurden von dem vorstoßenden Eis aufgestaut oder nach Westen oder Osten abgelenkt (EHLERS 1994: 172).

In Norddeutschland lag der weiteste Elstereisvorstoß östlich von Paderborn. Weiter ostwärts bedeckte er das Thüringer Becken und reichte bis in das Elbsandsteingebirge und in das Zittauer Gebirge, aber blieb westlich von Paderborn zurück und verlief über Osnabrück zur niederländischen Provinz Drehnte (LIEDTKE & MARCINEK 1994: 267). Erstmals gelangten dabei Gletscher aus Skandinavien bis an den Rand der Mittelgebirge.

Zu der heutigen Oberfläche trug die Elstereiszeit wenig bei, denn ihre Spuren wurden durch die nachfolgenden Eiszeiten stark verwischt.

Saaleeiszeit

Nach der Elstereiszeit folgte die Holsteinwarmzeit, sie umfasste eine Zeitspanne von etwa 15.000 bis 16.000 Jahren. Danach schloss sich die Saaleeiszeit in dem Zeitraum von circa 235.000 v. Chr. bis 125.000 v. Chr. an. Diese ist mit der Riß-Kaltzeit der alpinischen Vereisung gleichzusetzen. Sehr große Teile Nordwestdeutschlands und des Mittelgebirgevorlandes entstanden in ihrer Grundform durch diese Eiszeit. „Damals stieß das Inlandeis in Nordwestdeutschland bis über den Rand der Elstereiszeit hinweg bis an das Rheinische Schiefergebirge, östlich von Paderborn bis an den Harz, blieb aber weiter östlich deutlich hinter der Ausdehnung des Elstereises zurück." (LIEDTKE & MARCINEK 1994: 268).

In Nordwestdeutschland können innerhalb der Saaleeiszeit drei durch Schmelzwassersande voneinander getrennte Moränen unterschieden werden. Diese werden aber von verschiedenen Autoren in unterschiedlicher Weise zu zwei Stadien, das Drehnte-Stadium und das Warthe-Stadium, zusammengefasst. Der weiteste eiszeitliche Vorstoß ist der Drehnte-Vorstoß dieser Saaleeiszeit. Er bedeckte fast das gesamte Niedersachsen (LIEDTKE & MARCINEK 2002: 391).

Nach der Saaleeiszeit folgte die Eemwarmzeit, diese Warmzeit umfasste einen Zeitraum von etwa 10.000 bis 13.000 Jahren.

Die saaleeiszeitlichen Landschaftsformen sind, durch die periglazialen Prozesse der Weichseleiszeit, stark verwischt und von Flugsanden überdeckt worden.

Weichseleiszeit

Zeitlich ist die Weichseleiszeit von etwa 115.000 v. Chr. bis 8.000 v. Chr. einzuordnen. Dieses Inlandeis drang im Vergleich zu den anderen Eiszeiten am wenigsten weit in Richtung Süden vor. Die Elbe wurde nicht mehr überschritten. In Schleswig-Holstein wurde nur der Osten mit Eis bedeckt. In den Südwesten von Mecklenburg drang das Eis nicht mehr vor. Während dieser Eiszeit entstanden in Schleswig-Holstein, Mecklenburg und Brandenburg die typischen Formen der Jungmoränenlandschaften. Diese sind in ihrem ursprünglichen Zustand noch gut zu erkennen (LIEDTKE & MARCINEK 1994: 269). Der typische Formenschatz einer Jungmoränenlandschaft entstand erst im letzten Eisvorstoß vor ca. 25.000 bis 12.000 Jahren.

Auch die Weichseleiszeit wird üblicherweise in drei Phasen gegliedert: Frühweichsel, Mittelweichsel und Hochweichsel. Die einzelnen Phasen sind von unterschiedlichen Temperaturverhältnissen und differenzierten Pflanzenaufkommen geprägt. Die Weichseleiszeit brachte das letzte Inlandeis auf norddeutschen Boden. Nachdem das Eis sich zurückzog, begann vor etwa 10.000 Jahren das Holozän (LIEDTKE 1990: 168).

2.4 Der eustatische Meeresspiegelanstieg

Die eustatischen Meeresspiegelschwanken während der letzten Eiszeit haben die Küsten der Nord und Ostsee extrem geprägt. Man spricht bei dem Abschmelzen und Gefrieren von Eismassen während der Glaziale und Interglaziale auch von einer Glazialeustasie. Während der letzten Hauptvereisung lag der Meeresspiegel ca. 90-100 m tiefer als heute. Das norddeutsche war zu dieser Zeit noch mit dem britannischen Festland verbunden; den Ärmelkanal gab es nicht. Dieses kommt daher, weil die mächtigen Inlandeismassen enorme Mengen von Wasser in sich gebunden hatten. Durch wiederholtes Schmelzen und Gefrieren der Eismassen schwankte der Meeresspiegel und formte dabei die Küsten. Besonderes Merkmal dieser Schwankungen sind Meeresterrassen (LESER 2003: 188).

3. Oberflächenformen der ehemals vergletscherten Gebiete

Fast alle älteren Strukturen, bis auf wenige Ausnahmen wie z. B. der Buntsandstein Helgolands oder die Kreidefelsen auf Rügen, wurden in der Erdneuzeit durch kaltzeitliche Ablagerungen überdeckt. Durch die unterschiedliche Gestaltung der Landoberfläche, durch jüngere und ältere Kaltzeiten, ergibt sich eine landschaftliche Zweiteilung in Jung- und Altmoränenlandschaft. In beiden Teilräumen findet sich oft eine typische Abfolge von Landschaftselementen, die so genannte glaziale Serie (BAUER et al. 2002: 178).

3.1 Glaziale Serie

Die Glaziale Serie ist eine Formengemeinschaft, die am Gletschereisrand entsteht. Sie besteht aus einzeln aufeinanderfolgenden Gliedern. Vom Zentrum des Inlandeisschildes ausgehend, sieht die Reihung in der Regel wie folgt aus: 1. die Grundmoräne, 2. die Endmoräne, 3. der Sander und 4. das Urstromtal (Abb. 2).

Albrecht Penck beschrieb bereits im Jahr 1882 die Glaziale Serie, daher wurde dieser Begriff durch ihn geprägt. Sie ist die geomorphologische Bezeichnung für die Abfolge von Ablagerungen und Landschaftsformen, die durch die Bewegung von Gletschern entstanden sind. Diese Ablagerungen und Landschaftsformen werden teils durch das Eis des Gletschers und seine Bewegung selbst, aber auch durch die Hydrodynamik der Schmelzwässer hervorgerufen. Die typische Abfolge (Grundmoräne, Endmoräne, Sander und Urstromtal) ist nur im Idealfall im Gelände vollständig zu sehen. Meist sind die Moränenlandschaften jedoch von jüngeren landschaftsgestalterischen Prozessen überprägt. Im Norddeutschen Tiefland lassen sich die glazialen Prägungen heute noch erkennen, die das charakteristische Erscheinungsbild hergerufen haben (LIEDTKE & MARCINEK 2002: 398).

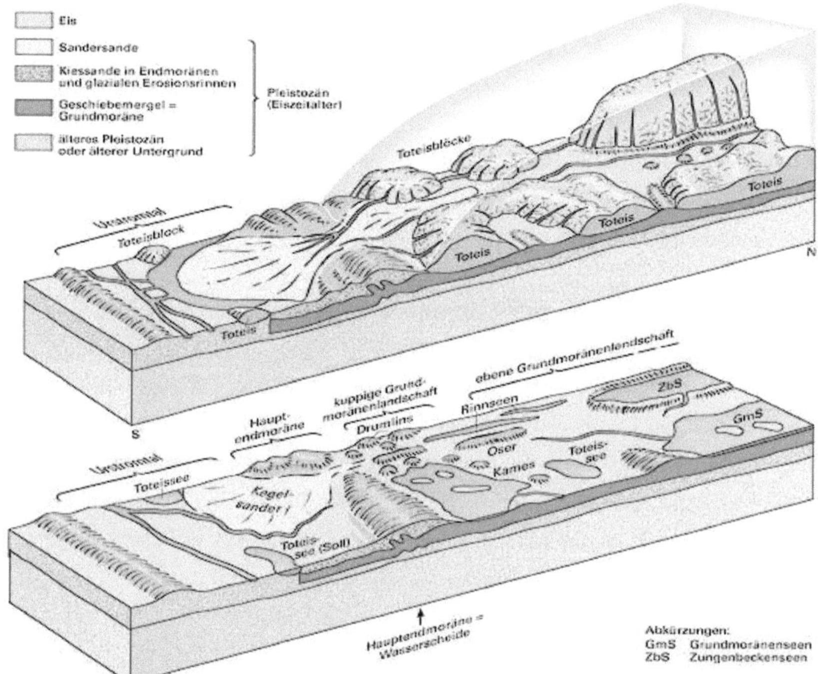

Abb. 2 Glaziale Serie im Überblick
Quelle:http://www.klett.de/sixcms/list.php?page=geo_infothek&node=Glaziale+%20Formen&article=Infoblatt+ Glaziale+Serie

Grundmoräne

Die Grundmoräne bezeichnet eine glaziale Aufschüttungslandschaft. Der Gletscher hat hier durch Bewegung und Druck das unter ihm liegende Gestein durch Wirkung der Detersion, Detraktion und Exaration geformt und herausgebrochen. Dieses Gestein wird in den unteren Schichten des Eises aufgenommen. Bei den größeren Gesteinen findet durch den gegenseitigen Abrieb eine spezifische Kantenrundung statt. Lockeres Material wird zerrieben, so entsteht ein Gemisch aus Ton, Feinsand und Geschiebe, welches als Grundmoräne bezeichnet wird. Wenn die Grundmoräne noch nicht verwittert ist, dann findet man einen sandig-tonigen und kalkhaltigen Geschiebemergel. Nach der Verwitterung geht Geschiebemergel in Geschiebelehm über (WOLDSTEDT & DUPHORN 1974: 28).

Durch die sogenannte Einregelungsmethode (Bestimmung der Herkunft der Gesteine) und den Verlauf von Gletscherschrammen, welche Gletscher hinterlassen haben, können die Bewegungsrichtungen von Gletschern rekonstruiert werden. Somit kann auch die Herkunft des Materials, welches in der Grundmoräne abgelagert wird, bestimmt werden (LESER 2003: 281).

Eine weitere auffällige Erscheinung sind Findlinge. Als Findlinge werden Gesteine bezeichnet, die ortsfremd sind und mindestens eine Länge von einem Meter aufweisen. Diese Gesteine wurden ebenfalls von dem nordischen Inlandeis in Richtung Süden transportiert (LESER 2001: 207).

Innerhalb der Grundmoränenlandschaft können viele verschiedene Oberflächenformen auftreten. Dazu gehören zum Beispiel: Drumlins, Oser, Kames und Sölle und Rinnenseen. Diese Hohl- und Vollformen sind durch glazigene Akkumulations- und Erosionsprozesse entstanden. (BAUER et al. 2002: 178)

Endmoräne

Endmoränen sind, durch Aufstauchung von mitgeführten Material, am Rande des Gletschers gebildet worden. Diese Wälle oder Landrücken bilden markante Strukturlinien in der Landschaft. Sie weisen die höchsten Erhebungen im glazialen Formenschatz auf. Oft liegen mehrere Moränenwälle aufgrund der Schwankungen des Gletscherstandes hintereinander gestaffelt (ebd).

In Norddeutschland werden sie in zwei Haupttypen unterschieden:

- Die Stauchendmoränen:

Stauchendmoränen entstehen besonders in der Vorrückphase eines Gletschers. Das vorrückende Eis staucht oder schiebt sowohl bereits abgelagerte ältere Moränen als auch Material des präglazialen Untergrundes auf.

- Die Satzendmoränen:

Die Satzendmoräne entsteht durch sukzessive Moränenmaterialanreicherung im Eisrandbereich bei stationärer oder zurückschmelzender Eisrandlage. Es handelt sich also um Aufschüttungsmoränen, in denen Schmelzwässer die feineren Partikel ausgewaschen haben. Es bleiben Blockpackungen aus sehr groben Komponenten zurück, die oft zu Bruchsteinen, Schotter oder Splitt verarbeitet wurden. Feinere Materialien werden durch das Schmelzwasser weitertransportiert, nur die groben Bestandteile und Geschiebe bleiben liegen. Satzendmoränen treten verhältnismäßig selten auf; ihr Anteil wird auf etwa 10% geschätzt (LESER 2003: 281).

Oftmals ist es sehr schwer zu erkennen, ob es sich um eine Stauchendmoräne oder um eine Satzendmoräne handelt. Es treten auch Kombinationen aus beiden auf.

Sander

Der Sander bezeichnet einen Akkumulationsbereich im Vorland von Gletschern. Die fluviatil abgelagerten Sedimente weisen eine Korngrößenselektion vom Gletscher zum Urstromtal auf, da sie von den Schmelzwässern unterschiedlich weit weggeführt werden. Bis die Sander in ein Urstromtal münden, haben sie ein schwach geneigtes Gefälle. Durch Deflation und Abluation sind die feinen Sedimente, wie Tone und feine Schluffe, aus den Sandern entfernt worden, sodass hier nur die gröberen Sedimente anzufinden sind (LESER 2003: 301).

Urstromtal

Ein Urstromtal ist eine bis zu 20 km breite Abflussrinne der Schmelzwässer des Gletschers und der aus Süden kommenden Flüsse, deren ursprüngliche Abflussrichtung durch die Gletscher versperrt wurde, sodass sie eisrandparallel ihren Weg zu Meer finden mussten

(BAUER et al. 2003: 179). Durch die Urstromtäler sind die meisten glazialen Feinsedimente abtransportiert worden. Sie weisen durch den häufigen Wechsel der Abflussmengen stark verwilderte Gerinne auf (LESER 2003: 302).

Zwei große Urstromtäler in Norddeutschland sind das Elber Urstromtal der Weichseleiszeit und das Bremer-Breslauer Urstromtal der Saaleeiszeit.

3.2 Periglaziale Überformungen

Periglazial ist das Gebiet um ein Vereisungsgebiet herum. Kennzeichen ist in erster Linie der ständig gefrorene Unterboden, auch Permafrost genannt. Permafrostboden entsteht immer dann, wenn die Jahresdurschnittstemperatur auf -4°C bis -6°C absinkt. Durch diese niedrigen Temperaturen entstehen typische Bodenformen, wie zum Beispiel Frostmusterböden oder Eiskeile (LIEDTKE & MARCINEK 2002: 409).

Die wesentlichen Formungsprozesse im Periglazialgebiet, die zur Nivellierung und Umgestaltung des ehemals glazialen Formenschatzes führten, waren die Gelisolifluktion, die Abluation und die äolisch suspensiven Prozesse in Verbindung mit Löss und Flugsand (ebd).

Nach Rohdenburg finden diese Formungsprozesse in einer Abfolge statt: Abspülung (Abluation) → (Geli)Solifluktion → Löss- und Flugsandakkumulation. Diese sind dabei allerdings abhängig von den Klimawellen 2. Ordnung und den spezifischen Standortverhältnissen. Daraus bilden sich je nach Vorflutereigenschaften konkave oder konvexe Unterhänge und konvexe Oberhänge (ROHDENBURG 1965).

Abluation bezeichnet den Vorgang der Spüldenudation im Periglazialraum. Dabei werden insbesondere die feinen Bestandteile (Feinsande, Schluffe und Tone) von den Schmelzwässern und gelegentlichen Regen abgespült. Dieser korngrößenselektive Vorgang bildet an Unterhängen feinmaterialreiche Bodensedimente oder sie werden über den Vorfluter ins Meer abtransportiert. Dabei kommt es auch zu einer Verfüllung der postglazialen Hohlformen. Zurück bleiben grobe, sandige Substrate, welche man auch als Geest bezeichnet (LIEDTKE & MARCINEK 2002: 404 u. 409).

Unter (Geli-)Solifluktion versteht man das schwerkraftbedingte, langsame Bodenfließen zeitweilig aufgetauter, wassergesättigter Bodendecken über Dauerfrostböden. Das Wasser des aufgetauten Eises kann auf Grund des gefrorenen Untergrundes nicht abfließen, daher bildet sich ein wasserübersättigter Bodenbrei, der häufig in Fließzungen hangabwärts wandert (STRAHLER & STRAHLER 2005: 343).

Eine weitere periglaziale Erscheinung ist die Anwesenheit von Löss und Sandlöss. Deren Akkumulation ist auf die äolische Suspension zurückzuführen. Löss ist ein kalkhaltiges (10-20%), gelblich-braunes, ungeschichtetes feinstkörniges Lockersediment aus Schluff bis Grobschluff (0,01-0,1mm) mit Hauptbestandteil Quarz (60-80%). Die Zusammensetzung ist abhängig von Herkunftsgebiet. (LESER 2003: 478 f.)

Das Material wird durch kalte Fallwinde vom Gletscher deflaiert und über Suspension an anderer Stelle durch Auswaschung oder Rauigkeit der Oberfläche (durch Lössfänger oder an Hängen) akkumuliert/depositioniert. Die Ablagerungsorte in Deutschland sind vor allem südlich der ehemaligen Eisrandlagen, die Bördenlandschaften nördlich der Mittelgebirge und in der Niederrheinischen Bucht. Löss ist auf Grund der hohen Standfestigkeit und guten Wasserzirkulationsfähigkeit durch die Kapillaren und Kalk besonders fruchtbar und wird daher auch intensiv landwirtschaftlich genutzt (BAUER et al. 2002: 59).

In weiten Teilen der Altmoränengebiete sind dünne, äolisch entstandene Sandablagerungen vorhanden. Sie werden als Flugsanddecken bezeichnet. Flugsanddecken weisen in den meisten Fällen keine Struktur auf und sind in der Regel nicht mächtiger als 1,5 Meter. Die Sande bestehen aus Fein- und Mittelsanden (LIEDTKE 1981: 170).

4. Typische Bodengesellschaften in Norddeutschland

In Norddeutschland fanden nach der Abschmelzung des Eises vor ca. 10.000 Jahren im Holozän verschiedenartige Bodenbildungsprozesse statt. Diese haben je nach Substrat und spezifischer Lage unterschiedliche Bodengesellschaften hervorgebracht.

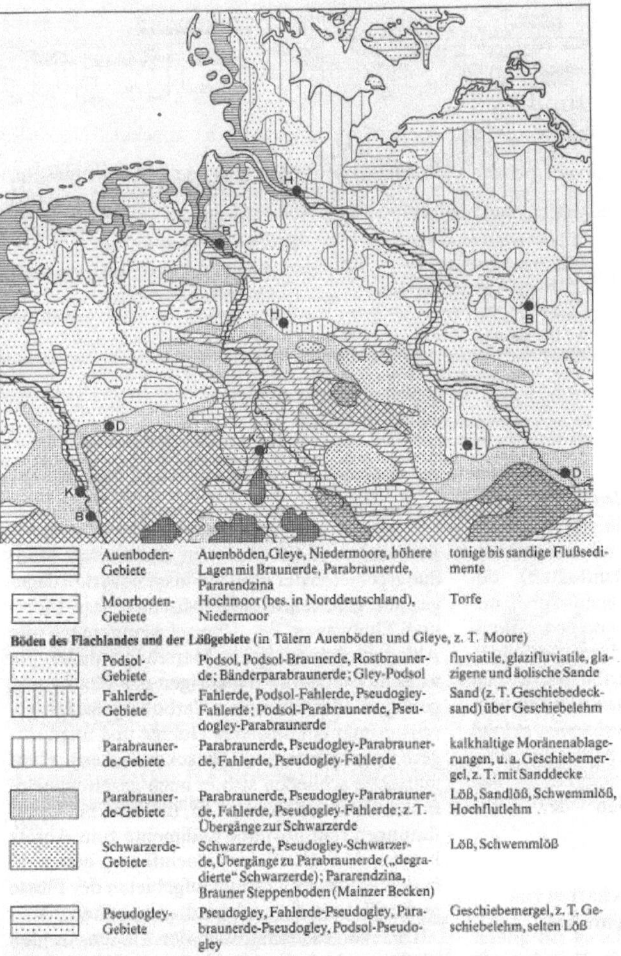

Abb. 4 Bodengesellschaften Norddeutschland mit wichtigen Leitböden und Ausgangsgesteinen (verändert nach Entwurf von ROESCHMANN 1981). Aus: KUNTZE, ROESCHMANN & SCHWERDTFEGER 1994: 311)

4.1 Marschen und Flussauen

Durch den, durch das Abschmelzen der Gletscher verursachten, erheblichen Meeresspiegelanstieg und die Gezeiten kam es zu einer ständigen Auflandung von Wattsedimenten. Diese wurden durch Pionierpflanzen, wie den Queller, und eigener Überlagerung zunehmend verfestigt und angehäuft. Die so genannte nun gebildete junge Marsch ist auf Grund ihres hohen Kalkgehalts sehr fruchtbar und wurde in geraumer Vorzeit ackerbaulich genutzt. Zum Schutz vor Hochwasser siedelten damals die Menschen auf Wurten/Warften, die heute noch reliktär in der Landschaft zu finden sind. Mit der Zeit haben sich die Marschen gesetzt und wurden zunehmend entkalkt. Dieses nun entstandene „Sietland" wird heute nur noch als Grünland genutzt.

Dort wo Fluss- und Meerwasser aufeinander treffen bildet sich die Brackmarsch. Diese weisen besonders bei niedrigen pH-Werten und geringen oder fehlenden Carbonatgehalten bereits primär ein dichteres Gefüge und ungünstigere Eigenschaften auf.

Außerhalb des Tideneinflusses finden wir die Gley- und Auenbodenlandschaften. Die Vergesellschaftung der Böden in den Flussauen ist weitestgehend von den jeweiligen mittleren Grundwasserständen abhängig. Diese können noch unter natürlichen Gegebenheiten bis in den Oberboden vernässen. Auenböden sind in der Regel in höheren Flächen der Flusstäler mit stark schwankendem, im Sommer tief liegendem Grundwasser zu finden, Gleyböden hingegen in tieferen Lagen mit mittleren bis hohen Grundwasserständen (KUNTZE, ROESCHMANN & SCHWERDTFEGER 1994: 309).

4.2 Jungmoränenland

In den nördlichen, weichseleiszeitlichen Jungmoränengebieten bildet zu Beginn des Holozäns großflächig Geschiebemergel das Ausgangsgestein für die Bodenbildung. Durch die pedogentischen Prozesse der Entkalkung, Verbraunung und Tondurchschlämmung entwickelte sich über die Stadien Lockersyrosem → Pararendzina → Braunerde die Parabraunerde mit Entkalkungstiefen zwischen 1 und 2 Meter. Diese haben sich vor allem in ausreichend entwässerten Kuppen- und Hanglagen verbreitet. In flachmuldiger bis ebener Lage führte jedoch der relativ dichte Geschiebemergel des Untergrundes zu Staunässe im Oberboden, sodass hier pseudovergleyte Parabraunerden und Pseudogleye zu finden sind.

In durch anthropogene Einflüsse versauerten Böden kann es auch hier zur Podsolierung kommen (Genaues im Kapitel zur Altmoränenlandschaft). In grundwassernahen Lagen der Täler herrschen Gleye und z. T. Niedermoore vor (KUNTZE, ROESCHMANN & SCHWERDTFEGER 1994: 310ff.).

4.3 Altmoränenland

Die Bodenbildung auf saaleeiszeitlichem Geschiebelehm im Altmoränenland hat gegenüber der Jungmoränenlandschaft eine länger andauernde und kompliziertere Bodengeschichte hinter sich. Man beachte, dass der letzte Gletscher dort vor 100.000 Jahren lag. Der Boden ist hier bereits im Interglazial Eem intensiven Bildungsprozessen ausgesetzt gewesen. Während der darauf folgenden Kaltzeit fanden periglaziale Prozesse statt, die zusammen mit äolischer Deflation und Akkumulation (Flugsanddecken) zur Umgestaltung der warmzeitlichen Böden beitrugen. So sind z. B. die Tonverarmungshorizonte der interglazialen Parabraunerden in ebener Lage häufig durch Kryoturbation mit dünnen Flugsanddecken vermischt worden, während sie an Hängen über dem Bt-Horizont durch Solifluktion mehr oder weniger weit hangabwärts verlagert wurden. Sie stellen also periglaziäre Deckschichten über reliktischen Bt-Horizonten älterer Parabraunerden dar, auch Geschiebedecksand über Geschiebelehm genannt. Mit Beginn des Holozäns wurden die reliktären Böden durch Verbraunung und Podsolierung überprägt. In Senken und/ oder stark verdichteten Unterboden tritt Pseudovergleyung durch Staunässe auf (KUNTZE, ROESCHMANN & SCHWERDTFEGER 1994: 312).

Als Beispiel sei hier noch mal die genaue Bodenbildung auf einer ca. 2 m dicken Flugsanddecke beschrieben (vgl. Abb. 4):

Zu Beginn erfolgt bereits im Periglazialraum eine Zerkleinerung der Sandkörner (insbesondere der Silikate). Daraus bildet sich der Lockersyrosem. Mit zunehmender Temperatur wächst die Tundrenvegetation und somit die Humusbildung und Bioturbation wodurch sich zu Beginn des Holozäns der Regosol (Ah/C) bildet. Bei weiter steigender Temperatur und Erhöhung der Vegetation (Eichen und Birkenwälder) bilden sich die Tonminerale in Verbindung mit Verbraunung und somit ein schwach toniger, gelbbrauner Bv-Horizont und damit Braunerde (Ah/Bv/C). Die Verbraunung ist ein Prozess, bei dem durch Hydrolyse Fe^{2+} aus den Mineralien freigesetzt wird. Diese umhüllt die Mineralkörper und bildet Fe^{3+}-Oxid und Hydroxid durch Oxidation. Der pH-Wert ist nun schwach sauer (<6,5). Es folgt eine Tondurchschlämmung, auch Lessivierung genannt, bei der wegen der großen Durchlässigkeit des Sandes auch Grobton durchschlämmt wird und sich bänderförmig im Unterboden ablagert. Man spricht daher auch von einer Bänderparabraunerde (Ah/Al/Bv+Bbt/(Bv/) (ilCv+Bbt/)C), die hierbei entsteht. Durch zunehmende Auswaschung der basischen Verwitterungsprodukte wird der Boden zunehmend sauer (<4,5). In diesem nährstoffarmen sandigen Boden befinden sich zwar nur noch wenig Bodenlebewesen, aber vermehrt Pilze und Bakterien. Dadurch wächst die Streuauflage aus Nadelbäumen und Heidevegetation, da diese nun nur schwer zersetzt werden kann. Bei der Zersetzung der organischen Substanz entstehen organische Säuren, die Huminstoffe. Diese Säuren binden Eisen-und Aluminiumoxidionen an sich. Diese metall-organinschen Komplexe (Chelate) werden in den Unterboden eluiert. Es bleibt ein verarmter, sauergebleichter Eluvialhorizont

(Ae) zurück. Im Unterboden stoßen die Chelate auf höhere pH-Werte, wodurch weitere Verlagerung gestoppt wird. Zuerst lagern sich dann die organischen Stoffe ab (Bh), dann die Sesquioxide (Bs). Besonders starke Verdichtung und Verkittung der Sesquioxide kann zu Ortsstein führen (Bms). Der hier entstandene Podsol (O/Ah/Ae/Bsh/(Bms)/C) gilt als wenig fruchtbar (BAUER et al. 2002: 130-144).

Vom 9. Jahrhundert bis in die Mitte des 19. Jahrhunderts wurden allerdings von den ackerbaulich nicht genutzten Flächen rechteckige, durchwurzelte Oberbodenstücke mit der Gras- oder Heidekrautvegetation von rund 4 - 6 cm Stärke gestochen (Plaggenstechen, Plaggenhieb) und als Streu für die Ställe oder Baumaterial verwendet. Zusammen mit dem Mist bildete das Material dann einen organischen Dünger, der vor allem auf Eschfluren aufgetragen wurde. Durch den hohen mineralischen Anteil des Düngers bildete sich mit einer Geschwindigkeit von ca. 1 mm/Jahr ein Mineralbodenhorizont. Für die, für das Plaggenstechen genutzten, Teile der Gemarkung bedeutete dies dagegen eine gravierende Bodendegradierung. Sie degenerierten zu Heideflächen, teilweise mit Flugsanden und Dünenbildung, die nur noch extensiv genutzt werden konnten (LESER 2001: 627; KUNTZE, ROESCHMANN & SCHWERDTFEGER 1994: 88).

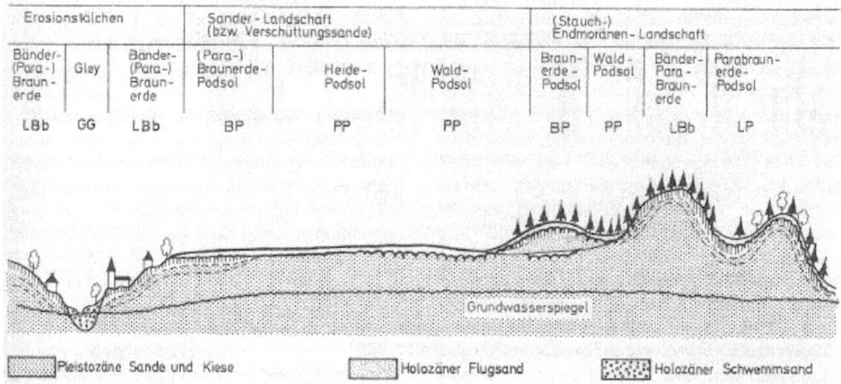

Abb. 5 Typische Bodenverbreitung in hochliegenden, sandigen Geestgebieten (schematischer, stark überhöhter Querschnitt, unmaßstäblich; ROESCHMANN 1971) Aus: KUNTZE, ROESCHMANN & SCHWERDTFEGER 1994: 313)

4.4 Lößlandschaften

Die Bodenbildung in den Lösslandschaften Norddeutschlands findet in der Regel auf jungem weichseleiszeitlichem Löss statt. Die Vergesellschaftung der Böden zeigt häufig Ähnlichkeiten mit der des nördlichen Jungmoränengebietes.

Die Ausbildung des Bodentyps ist stark von der Form des Reliefs abhängig. So entwickelt sich auf relativ gut entwässerten Kuppen oder bei grobkörnigem Lössuntergrund häufig Parabraunerde. Bei mittleren Lössmächtigkeiten von 1-3 m über toniglehmigen Untergrundschichten sind auf ebenen Flächen und an flachen Hängen Pseudogley-Parabraunerden verbreitet. In flachen Senken ohne Grundwasseranschluss bilden sich Pseudogleye, mit Grundwasseranschluss Gleye. Infolge der hohen Erosionsanfälligkeit ihrer schluffreichen Oberböden sind Parabraunerden und Pseudogley in Hanglagen oft stark erodiert (vgl. Abb. 6) (KUNTZE, ROESCHMANN & SCHWERDTFEGER 1994: 313f.).

Im relativ niederschlagsarmen Thüringer Becker oder der Magdeburger Börde können sich aus en Lössböden die sehr fruchtbaren Schwarzerden (Tschernoseme) bilden.

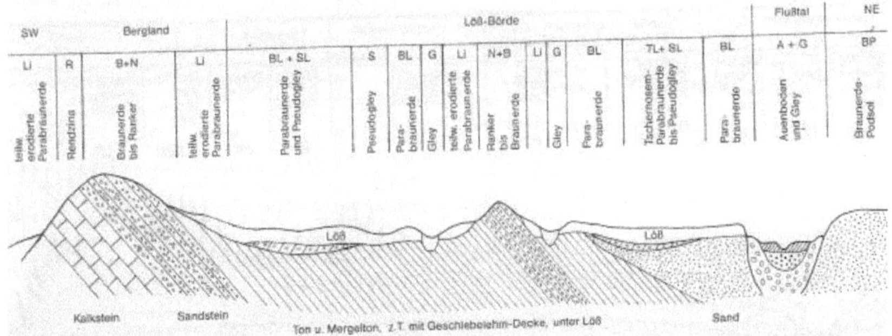

Abb. 6 Bodengesellschaften im Lössgebiet südwestlich von Hannover (schematisch und unmaßstäblich; Entwurf nach ROESCHMANN 1981) Aus: KUNTZE, ROESCHMANN & SCHWERDTFEGER 1994: 314)

5. Literaturverzeichnis

BAUER, J. et al. (2002): Physische Geographie (kompakt).- Heidelberg u. Berlin.

EHLERS, J. (1994): Allgemeine und historische Quartärgeologie.- Stuttgart.

Kuntze, H., Roeschmann, G. & Schwerdtfeger, G. (1994): Bodenkunde.- Stuttgart.

LIEDTKE, H. & MARCINEK, J. (2002): Physische Geographie Deutschlands.- Gotha.

LIEDTKE, H.(1990): Eiszeitforschung.- Darmstadt.

LESER, H. (Hrsg.)(2001): Wörterbuch Allgemeine Geographie.- München.

LESER, H. (2003): Geomorphologie.- Braunschweig.

ROHDENBURG, H. (1965): Untersuchungen zur pleistozänen Formung am Beispiel der Westabdachung des Göttinger Waldes.- Giessen.

STRAHLER, A. H. & STRAHLER A. N. (2002): Physische Geographie.- Stuttgart.

WOLDSTEDT, P. & DUPHORN, K. (1974): Norddeutschland und angrenzende Gebiete im Eiszeitalter.- Stuttgart.